Milad Ahmadi
Mohammed Zubair
Vizy Nazira Riazuddin

Efeito da Turbinectomia na Dinâmica de Aerossóis na Cavidade Nasal Humana

Milad Ahmadi
Mohammed Zubair
Vizy Nazira Riazuddin

Efeito da Turbinectomia na Dinâmica de Aerossóis na Cavidade Nasal Humana

ScienciaScripts

This book is a translation from the original published under ISBN 978-620-2-05276-4.

Publisher:
Sciencia Scripts
is a trademark of
Dodo Books Indian Ocean Ltd. and OmniScriptum S.R.L publishing group

120 High Road, East Finchley, London, N2 9ED, United Kingdom
Str. Armeneasca 28/1, office 1, Chisinau MD-2012, Republic of Moldova, Europe
Printed at: see last page
ISBN: 978-620-7-70339-5

ÍNDICE DE CONTEÚDOS

LISTA DE ABREVIATURAS

3D Three dimensional
AMDI Advanced Medical and Dental Institute
AR Atrophic rhinitis
CAD Computational aid design
CAT Computerized axial tomography
CFD Computational fluid dynamics
CPU Central processing unit
DICOM Digital Imaging and Communications in Medicine
CT Computed tomography
DSE Digitized shape editor
EIM Eddy interaction model
ENT Ear, nose and throat
IBM International business machines
IGES Initial graphics exchange specification
LES Large eddy simulation
MRI Magnetic resonance imaging
NAO Nasal Airway Obstruction
NSD Nasal Septal Deviation
RAM Random-access memory
RANS Reynolds average navier stoke
SST Shear stress transport model

LISTA DE SÍMBOLOS

SÍMBOLOS ROMANOS

Re Reynolds number

R Resistance

k Turbulent kinetic energy

t Time

u Velocity vector

V Velocity of the flow

S_ϕ The source term of Φ

d Diameter of the nasal inlet

SÍMBOLOS GREGOS

Γ Diffusion coefficient

∂ Partial differential equation

Φ General scalar

ε Dissipated rate of k

ω Specific rate of dissipation of k

ρ Fluid density

μ Dynamic viscosity of the air

ΔP Pressure drop

utilizador e a personalização extensiva de modelos existentes. A configuração interactiva do solver, a solução e as capacidades de pós-processamento do ANSYS Fluent facilitam a pausa de um cálculo, o exame dos resultados com o pós-processamento integrado, a alteração de qualquer configuração e a continuação do cálculo numa única aplicação. Os ficheiros de casos e dados podem ser lidos no ANSYS CFD-Post para análise posterior com ferramentas avançadas de pós-processamento e comparação lado a lado de diferentes casos.

A integração do ANSYS Fluent no ANSYS Workbench proporciona aos utilizadores ligações bidireccionais superiores a todos os principais sistemas CAD, uma poderosa modificação e criação de geometrias com a tecnologia ANSYS Design Modeler e tecnologias avançadas de criação de malhas no ANSYS Meshing. A plataforma também permite a partilha de dados e resultados entre aplicações através de uma transferência fácil de arrastar e largar, por exemplo, para utilizar uma solução de escoamento de fluidos na definição de uma carga de fronteira de uma simulação mecânica estrutural subsequente.

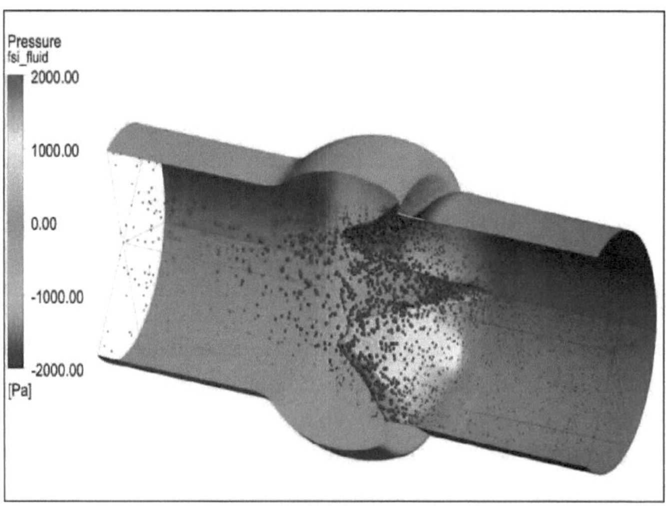

Figura 2 Análise transiente bidirecional do fluxo sanguíneo através de uma válvula mitral de três folhas.

1.3 Objetivo

O principal objetivo deste projeto é a realização de uma investigação numérica da cavidade nasal humana e da via aérea, incluindo a análise e o estudo dos efeitos da cirurgia dos cornetos no comportamento do fluxo de ar. Além disso, um estudo sobre a deposição de aerossóis no interior da cavidade nasal com o auxílio do software CFD é outro objetivo fundamental deste projeto.

1.4 Importância da investigação

I presente trabalho investiga numericamente a deposição de micropartículas num modelo realista das vias respiratórias humanas. O modelo de via aérea consiste na cavidade nasal (vestíbulo, válvula nasal e via aérea principal) e na faringe (nasofaringe e orofaringe). Em primeiro lugar, o campo de fluxo é obtido para uma gama de taxas de respiração. De seguida, o movimento das micropartículas é estudado utilizando a abordagem Lagrangiana. Este projeto apresenta um estudo comparativo da deposição de micropartículas, particularmente sob diferentes taxas de fluxo laminar constante, utilizando a abordagem Lagrangiana. O significado e a influência de diferentes factores aplicáveis às micro partículas são discutidos e os padrões de deposição locais detalhados são apresentados. É apresentado um grupo de comparação de padrões de deposição de partículas na cavidade nasal humana. A investigação neste projeto foi iniciada devido às necessidades de avaliação dos riscos para a saúde de partículas potencialmente tóxicas e os resultados são também aplicáveis à administração de fármacos com aerossóis.

1.5 Esboço do livro

Este livro contém cinco capítulos. O primeiro capítulo é uma breve introdução aos termos e definições utilizados neste projeto e discute o objetivo e a finalidade desta investigação. O segundo capítulo inclui os estudos e experiências anteriores sobre o fluxo de ar nasal e a deposição de partículas. Discute também os pontos fortes e fracos de cada estudo. O capítulo três é a metodologia que inclui dois subcapítulos: a primeira parte explica os passos necessários para criar o modelo nasal e o segundo subcapítulo descreve a metodologia para a modelação em fase discreta e a análise do padrão de deposição de partículas. O capítulo quatro é o capítulo dos resultados e da discussão, que apresenta e discute os dados e os resultados das diferentes taxas de respiração no modelo. Além disso, a análise do padrão de micropartículas é discutida neste capítulo. O último capítulo é o capítulo de conclusão, que resume os pontos-chave dos capítulos anteriores e discute as possibilidades e recomendações de investigação futura.

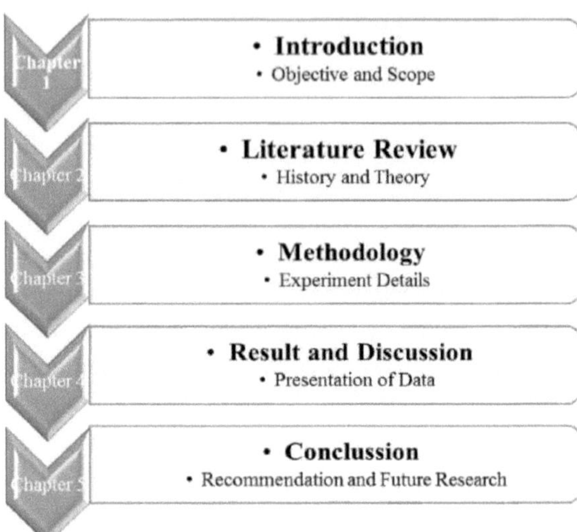

Figura 3 Resumo do livro.

CAPÍTULO 2
Revisão da literatura

2.1 Fluxo de ar nasal

A fisiologia e a patologia nasais estão fortemente dependentes do fluxo de ar no interior das cavidades nasais. Uma vez que a anatomia nasal, que se caracteriza por uma geometria complexa e por uma variação individual significativa, não permite uma análise completa, as ferramentas de diagnóstico actuais têm um sucesso limitado. Com os rápidos avanços nos recursos informáticos, foram efectuadas tentativas mais elaboradas para correlacionar as características do fluxo de ar nas vias aéreas nasais humanas com os sintomas e as funções do nariz. O desequilíbrio das cavidades nasais associado ao desvio do septo nasal (DSN) é considerado como uma etiologia comum da obstrução das vias aéreas nasais (OAN). Uma vez que o DSN é uma variação anatómica tão comum em adultos saudáveis, os clínicos têm de decidir se o DSN é clinicamente relevante para a ONN ou não (Leong & Eccles 2009). Embora a prevalência do DSN seja tão elevada como 22,38%, apenas 2,8% da população coreana com DSN e 1,3% da população sem DSN têm obstrução das vias aéreas nasais. Isso significa que a maioria das pessoas com DSN não tem dificuldade com a respiração nasal. Embora a septoplastia seja um dos procedimentos cirúrgicos mais frequentemente realizados para aliviar a NAO (Manoukian et al. 1997; Moore & Eccles 2011) e melhore as medidas objectivas de permeabilidade nasal (Moore & Eccles 2011), os resultados a longo prazo deste tratamento ainda não são satisfatórios (Jessen et al. 1989; Ho et al. 2004). A decisão de realizar a septoplastia geralmente se baseia apenas em observações clínicas, pois não existem normas padrão (Konstantinidis et al. 2005). Como a falta de correlação entre os sinais relatados pelos pacientes e os achados objectivos é a principal razão para estas dificuldades, o objetivo deste artigo é encontrar uma ferramenta de diagnóstico objetiva e específica para o paciente para a NAO, utilizando a dinâmica de fluidos computacional (CFD). A simulação numérica tornou-se recentemente uma ferramenta de investigação conveniente e barata para estudar a cavidade nasal (Naftali et al. 1998; Doorly et al. 2008; Chen et al. 2010). Recentemente, alguns resultados de CFD em cavidades nasais com modelos NSD e pós-septoplastia foram relatados (Chen et al. 2009; Garcia et al. 2010). Esses estudos utilizaram um modelo de cavidade específico e concentraram-se na resistência nasal. A fim de permitir as variações interindividuais, investigamos as características do fluxo de ar nas vias aéreas nasais humanas construídas a partir de imagens de TC de 6 adultos diferentes com DSN (3 pacientes sintomáticos e 3 assintomáticos após o diagnóstico clínico) usando CFD. Ao comparar as características do fluxo (resistência nasal, alocação da taxa de fluxo, velocidade, pressão, tensão de cisalhamento da parede) destes diferentes modelos, tentámos correlacionar estas propriedades com a relevância clínica da DSN para a ONA.

Embora apenas 6 modelos tenham sido investigados, sugerimos que existem correlações plausíveis entre as propriedades do fluxo de ar e os sintomas de DSN relatados pelos pacientes. Esses achados podem ajudar a estabelecer a base para ferramentas mais confiáveis, específicas do paciente e objetivas para o diagnóstico de doenças nasais usando CFD. Em 1882, Paulsen descreveu pela primeira vez o fluxo de ar inspiratório no nariz, com o ar a subir verticalmente ao longo da ponte do nariz em direção à extremidade anterior do corneto médio, onde é desviado e passa entre o corneto médio e o septo em direção à extremidade posterior do corneto inferior e à coana (Uddstromer 1940). Posteriormente, muitos investigadores realizaram experiências de fluxo de ar utilizando cadáveres como modelos ou outros materiais (Uddstromer 1940). A partir do final da década de 1930, foram criados modelos experimentais a partir de moldes nasais de cadáveres e o fluxo de ar nasal foi examinado com vários tipos de métodos, como fumo de charuto (Tonndorf 1939), fumo, um medidor de ângulo, injeção de corante, velocimetria laser-Doppler, gás Xénon radioativo ou partículas de água em aerossol. Os modelos feitos a partir dos cadáveres têm limitações inerentes associadas ao encolhimento post-mortem dos tecidos moles ou ao uso de septos nasais planos e transparentes para visualização, o que significa que são necessários modelos mais precisos e/ou de tamanho aumentado que reproduzam as condições reais. No início da década de 1990, foram criados modelos da cavidade nasal utilizando imagens de ressonância magnética (MRI) ou tomografia computorizada (CT). Foram feitos modelos da cavidade nasal à escala de três vezes (Hahn et al. 1994) ou 20 vezes, utilizando placas de plástico transparente ou esferovite. Imagens coronais ampliadas da via aérea nasal, obtidas de indivíduos normais após descongestionamento (ou não) das cavidades nasais, foram usadas como modelos para cortar placas de plástico transparente ou isopor. As placas foram coladas em série para produzir modelos ampliados da cavidade nasal e o fluxo foi medido utilizando um anemómetro a quente ou um anemómetro de película quente.

Uma vez que as formas tradicionais de visualização do fluxo, como o anemómetro de fio quente e a velocimetria laser-Doppler, já não podiam satisfazer as necessidades da investigação moderna sobre a dinâmica do fluxo, em que as características do fluxo devem ser quantificadas instantaneamente, o método PIV foi desenvolvido para medir os campos de velocidade de forma não intrusiva e instantânea (Huang, 1994). O método DPIV foi aplicado ao modelo anatómico esquemático da cavidade nasal, um modelo anatomicamente preciso da cavidade nasal baseado em imagens de TC (Kelly et al. 2004). Hopkins et al. estabeleceram recentemente um procedimento para construir uma caixa retangular transparente contendo um modelo X2 da cavidade nasal para medição PIV utilizando uma combinação do método de prototipagem rápida e a cura de silicone transparente (Hopkins et al., 2000). A criação de passagens de fluxo transparentes e precisas é essencial para analisar o fluxo por PIV dentro da complexa passagem de fluxo. Estes procedimentos foram melhorados para produzir o modelo da cavidade nasal utilizando dados de tomografia computorizada de alta resolução no formato de ficheiro "digital imaging and communications in medicine" (DICOM) e procedimentos de renderização de superfícies (Kelly et al. 2004). Um método alterado foi aplicado para avaliar a alteração do fluxo de ar após vários tipos de turbinectomias médias (Chung et al. 2006), bem como os padrões de fluxo nasal durante o ciclo respiratório (Chung & Kim 2008).

No entanto, existem dificuldades em aplicar os métodos DPIV aos vários tipos de modelos experimentais que representam as características normais e anormais das cavidades nasais. O método de simulação numérica, também conhecido como método de dinâmica de fluidos computacional (CFD), foi aplicado pela primeira vez na análise do fluxo de ar na área da válvula nasal (Tarabichi & Fanous 1993) e no estudo do fluxo de ar nas cavidades nasais (Keyhani et al. 1997). Desde então, o método CFD tem sido aplicado no estudo do fluxo de ar nasal (Horschler et al. 2003; Weinhold & Mlynski 2004), na distribuição da temperatura (Pless et al. 2004) , na solubilidade ou transporte de odorantes (Zhao et al. 2004), na deposição de nanopartículas (Shi et al. 2006), em condições patológicas da cavidade nasal como a perfuração septal (Grgic et al. 2004; Pless et al. 2004; Ozlugedik et al. 2008), rinite atrófica (Garcia et al. 2007) e condições cirúrgicas como redução da concha inferior (Wexler et al. 2005) , vários tipos de turbinectomia (Lindemann et al. 2005; Horschler et al. 2003), polipectomia (Zhao et al. 2006) e cirurgia radical do seio nasal (Lindemann et al. 2005). Dado que a comparação dos resultados dos métodos experimentais, incluindo os métodos DPIV e os métodos CFD, mostrou uma boa concordância (Keyhani et al. 1997; Weinhold & Mlynski 2004; Horschler et al. 2003), atualmente a CFD é mais frequentemente aplicada em estudos do fluxo de ar na cavidade nasal, particularmente onde pode surgir instabilidade do fluxo, embora a CFD exija a validação pela técnica DPIV ou outros métodos experimentais.

A cavidade nasal faz a ligação entre o meio ambiente e a porção faríngea da via aérea superior, fornecendo ao ser humano ar quente e humidificado, protegendo-o de partículas nocivas, vírus e bactérias, e permitindo-lhe o olfato. Estas funções estão associadas ao fluxo de ar na cavidade nasal. Os padrões de fluxo de ar nasal são determinados principalmente pela morfologia nasal e pela taxa de fluxo. A adaptação evolutiva do nariz ao clima e a seleção natural de um nariz adequado para facilitar o fluxo de ar são dois determinantes importantes para as variações na forma e nas dimensões das vias respiratórias nasais entre diferentes grupos étnicos, em que "grupos étnicos" se refere a grupos de indivíduos de diferentes origens ancestrais. As formas e dimensões externas dos narizes têm sido estudadas e comparadas com diferentes raças de várias maneiras.

O índice nasal, definido como a razão entre a largura nasal e a altura nasal multiplicada por 100, foi relatado como sendo diferente entre as diferentes raças (Katz et al. 1999; Leong & Eccles 2009). Usando rinometria acústica para avaliar a área mínima de secção transversal (MCA), também concluiu que não havia diferença significativa na geometria nasal interna entre chineses, malaios e indianos. (Bennett & Zeman 2005) relataram que os afro-americanos tinham uma eficiência nasal reduzida para a absorção de partículas finas em comparação com os caucasianos. Observou-se que a taxa de fluxo de ar nasal e as quedas de pressão estavam associadas ao índice de massa corporal e ao género (Crouse & Laine-Alava 1999).Recentemente, com a vantagem da dinâmica de fluidos computacional (CFD), os investigadores são capazes de avaliar os padrões de fluxo detalhados nas vias aéreas nasais humanas através da reconstrução de modelos a partir de exames de tomografia computorizada (TC) e de ressonância magnética (RM), o que se tornou uma nova tendência fiável de exploração do fluxo de ar nasal (Croce et al. 2006; Doorly et al. 2008; Horschler et al. 2003; Wen et al. 2008). Utilizando a simulação CFD, foram estudados e avaliados os mecanismos do fluxo de ar, a função olfactiva, a regulação da temperatura e a eficiência da deposição de partículas na cavidade nasal humana. (Segal et al. 2008) reconstruíram modelos CFD de quatro indivíduos para estudar os efeitos das diferenças na anatomia nasal sobre a distribuição do fluxo de ar, tendo sido observadas diferenças significativas entre indivíduos nos padrões de fluxo de ar em massa. Até onde sabemos, poucos estudos foram relatados sobre os efeitos das variações raciais da morfologia nasal nos padrões de fluxo de ar nasal usando simulação CFD. O presente estudo tenta avaliar os mecanismos do fluxo de ar nasal humano de diferentes grupos étnicos. Foram seleccionados três indivíduos saudáveis do sexo masculino para obter imagens de TC e reconstruir modelos tridimensionais (3D) das cavidades nasais dos grupos étnicos caucasiano, chinês e indiano, respetivamente. Foram efectuadas simulações CFD com estes modelos utilizando o Fluent (versão 6.3.26, 2006 Fluent Inc.). A taxa de ventilação de 7,5 l/min foi considerada como correspondendo à respiração humana em repouso (Protection & ICRP 1995). Neste estudo, foi aplicada uma taxa de fluxo inspiratório de 166,7 ml/s (10 l/min) na nasofaringe para simular os padrões de fluxo de ar durante a respiração ligeira.

2.2 Padrão de deposição

A deposição de partículas inaladas nas vias respiratórias tem suscitado graves preocupações em termos de saúde. Estas partículas incluem poeiras, microrganismos, smog fotoquímico e outros irritantes. Do ponto de vista toxicológico, todas as partículas com menos de 10 pm de diâmetro podem ser biologicamente activas e causar reacções alérgicas e até mesmo cancro em indivíduos insusceptíveis. Por outro lado, para a administração terapêutica de medicamentos por inalação, é importante garantir que a deposição das partículas ocorra em áreas específicas. Alguns aerossóis farmacêuticos têm dimensões superiores a 20 pm, a fim de maximizar a deposição destas partículas nas cavidades nasais e na passagem faríngea antes de entrarem nos pulmões. Em muitos outros casos, são utilizadas partículas mais pequenas do que 5 pm (Suman et al. 2006) e, por vezes, na gama de tamanhos submicrométricos, a fim de entregar o medicamento aos pulmões (Longest & Hindle 2010). Assim, estimar a fração de partículas que penetra no pulmão e prever a distribuição das partículas depositadas em diferentes regiões das vias respiratórias superiores humanas é de considerável interesse, não só para determinar o que chega ao pulmão, mas também para quantificar a dose nas vias respiratórias superiores, tanto para o risco para a saúde como para a eficácia terapêutica das partículas inaladas. A deposição de partículas nas vias respiratórias nasais tem sido objeto de muitas investigações e o efeito de diferentes factores tem sido estudado tanto numérica como experimentalmente. Embora tenham sido efectuados numerosos estudos experimentais para medir a deposição nasal total, tanto os métodos in vivo como in vitro têm limitações. De facto, embora a técnica mais realista do ponto de vista fisiológico seja a utilização de voluntários humanos, estes estão limitados pelo número de caudais e tamanhos de partículas que podem ser utilizados e estão associados à variabilidade entre sujeitos. Em contrapartida, os moldes de réplicas nasais oferecem a oportunidade de efetuar medições pormenorizadas da passagem nasal e podem ser estudados para uma vasta gama de caudais e tamanhos de partículas. Existem, no entanto, limitações quanto ao nível de acabamento da superfície no processo de fabrico, que afecta sempre o fluxo de ar e a deposição de partículas micronizadas ou mais pequenas (Schroeter et al. 2011). O método de dinâmica de fluidos computacional (CFD), que ganhou mais popularidade devido aos avanços nas tecnologias computacionais, pode fornecer uma alternativa às técnicas experimentais para prever a deposição de partículas nas vias aéreas nasais. Na última década, a abordagem CFD foi utilizada por vários investigadores (Liu et al. 2007; Moghadas et al. 2011; Garcia et al. 2009; Wang et al. 2009). Embora a maioria dos trabalhos numéricos anteriores se restrinja às passagens nasais, desde as narinas até ao final da nasofaringe, alguns outros, como o trabalho de (Martonen et al. 2002), dedicam-se a modelos que foram alargados ao final da traqueia ou ao primeiro ramo brônquico. Recentemente, Farhadi Ghalati et al. (2012) desenvolveram um modelo mais abrangente que cobre as vias aéreas superiores até ao fim da traqueia para um regime de fluxo de ar laminar. No presente estudo, foi utilizado este modelo e foram analisadas as trajectórias das partículas em regime de fluxo de ar turbulento. Embora as partículas sejam transportadas pelo ar respirado através do sistema respiratório, as suas trajectórias diferem das linhas de fluxo de ar devido à sua inércia e aos efeitos de várias forças. As forças mais importantes são a gravidade, o arrastamento e a excitação Browniana. As partículas são as que se depositam nas paredes das vias aéreas por sedimentação, impactação e/ou mecanismos de difusão (Heyder 2004). Existem dois métodos para analisar o transporte e a deposição de partículas, nomeadamente, os métodos Lagrangiano e Euleriano. A abordagem Euleriana é mais eficiente para partículas ultrafinas quando a excitação Browniana é dominante, enquanto a abordagem Lagrangiana é mais adequada para suspensões diluídas de partículas maiores para as quais a inércia é importante. Neste estudo, foi utilizado o método Lagrangiano e as partículas foram tratadas como uma fase discreta. Para a suspensão diluída, os efeitos das partículas no fluxo de ar e as interacções partícula-partícula são ignorados. As trajectórias de um grande número de partículas são avaliadas através da resolução das correspondentes equações de movimento. As partículas pequenas num fluxo de ar turbulento são influenciadas pelas velocidades flutuantes da turbulência, o que leva à dispersão da turbulência. Para uma análise fiável das trajectórias das partículas, estas flutuações devem ser calculadas e a correspondente velocidade instantânea do fluxo deve ser avaliada. A abordagem mais precisa para avaliar a velocidade de flutuação em escoamentos turbulentos é a Simulação Numérica Direta (DNS), seguida do método de Simulação de Grandes Foucault (LES). Para a DNS, a equação de Navier-Stokes é resolvida utilizando grelhas suficientemente finas que podem resolver a escala de Kolmogorov e pequenos passos temporais para captar os turbilhões mais pequenos e as frequências mais elevadas de turbulência. Quando o tamanho da grelha é um pouco maior do que as escalas de comprimento de Kolmogorov, é utilizado o método LES, em que as escalas maiores do que a grelha são resolvidas e o efeito das flutuações da escala da sub-rede é modelado. No entanto, o DNS e o LES são computacionalmente dispendiosos. Embora alguns investigadores (Dehbi 2011; Liu et al. 2007) tenham utilizado o LES nas suas análises, a maioria dos investigadores utilizou as equações de Reynolds Averaged Navier-Stokes (RANS) e um modelo de turbulência. Nestes casos, é necessário incluir o efeito das flutuações da escala da sub-grelha de turbulência. Os modelos RANS foram utilizados por muitos investigadores anteriores. Por exemplo, Katz et al. (1999) e Stapleton et al. (2000) utilizaram o modelo padrão k-ε e (Renotte et al. 2000) utilizaram o modelo RNG, k-ε. Alguns investigadores tentaram primeiro validar os modelos para campos de escoamento semelhantes mas mais simples e depois aplicá-los a escoamentos mais complexos. Por exemplo, Zhang & Kleinstreuer (2003) testaram diferentes modelos de turbulência de 2 equações e recomendaram a utilização do modelo padrão k-ω com correcções de baixo Reynolds para escoamentos de baixo número de Reynolds que incluem a transição laminar para turbulenta. A aplicação do modelo k-ω padrão também pode ser encontrada nos trabalhos de (Zhang et al. 2004; Grgic et al. 2006;

Ball et al. 2008; Alexopoulos et al. 2010). O SST k-ω é outro modelo de turbulência baseado em k-ω que foi utilizado por (Liu et al. 2007) e (Jayaraju et al. 2008).

Anteriormente (Min et al. 1995) utilizaram um modelo de turbulência não linear isotrópico e analisaram a deposição de partículas na primeira bifurcação pulmonar. Neste estudo, foi utilizado um modelo k-ε de baixo número de Reynolds (LRN) desenvolvido por Launder e Sharma (1974). Como já foi referido, os modelos RANS calculam o campo de escoamento médio. Para incluir o efeito de dispersão da turbulência nas trajectórias das partículas, é necessário avaliar o campo de velocidade flutuante na localização das partículas. Normalmente, são utilizados os modelos Discrete Random Walk (DRW) e Continuous Random Walk (CRW). Nos modelos DRW, também conhecidos como modelos de interação de remoinhos (EIM), assume-se que cada partícula tem uma sucessão de interacções com remoinhos turbulentos que têm uma vida e uma escala de comprimento limitadas e que as velocidades flutuantes podem ser encontradas a partir das quantidades turbulentas dos remoinhos. A forma original deste modelo foi proposta por (Gosman & Loannides 1983) e foi utilizada por alguns investigadores anteriores, tais como (Katz et al. 1999), (Jayaraju et al. 2007; Jayaraju et al. 2008) (Zhang & Kleinstreuer 2003) e (Liu et al. 2007), a fim de ter em conta o efeito das flutuações turbulentas na dispersão das partículas no sistema respiratório. É de notar que a utilização do modelo DRW original para um fluxo turbulento isotrópico e não homogéneo pode conduzir a resultados irrealistas e a deposição de partículas seria sobrestimada, uma vez que este modelo mostra uma tendência para as partículas pequenas se concentrarem perto das paredes, especialmente nos fluxos dominados pela difusão (Vogt et al. 2009). De facto, quando este modelo é combinado com modelos RANS de turbulência, assume-se que o escoamento é homogéneo e isotrópico.

Um dos principais problemas dos modelos k-ε e k-ω é o facto de se basearem na aproximação de Boussinesq, que pressupõe que o campo de escoamento da turbulência é isotrópico. Por conseguinte, a utilização dos modelos k-ε ou k-ω em combinação com o modelo DRW conduz a previsões de dispersão de partículas não físicas. Também (Tian & Ahmadi 2007) mostraram que a utilização deste modelo em combinação com modelos de tensão de Reynolds (RSM) pode conduzir a uma previsão excessiva da taxa de deposição de partículas, mesmo em escoamentos simples como o escoamento em condutas paralelas 2D.

CAPÍTULO 3

Metodologia

3.1 Visão geral

Este capítulo apresenta o método utilizado para avaliar os rastos de partículas em modelos nasais de cornetos removidos e não removidos, descrevendo também os métodos passo a passo para obter os resultados finais para comparação de contornos e quedas de pressão. Na primeira parte deste capítulo, são descritos e explicados os passos prévios que foram dados para gerar o modelo nasal de modo a ser utilizado na análise.

3.2 Etapas anteriores para gerar o modelo nasal

A reconstrução de um modelo anatómico 3D da cavidade nasal humana pode ser muito morosa. O procedimento geral de criação do modelo anatómico 3D contém basicamente a seleção de dados de TAC da cavidade nasal humana, seguida da conversão das imagens de TAC 2D em dados CAD 3D utilizando o software de processamento de imagens médicas MIMICS e, finalmente, a construção da geometria da superfície utilizando o software CAD CATIA.

Neste projeto, o modelo anatómico da via aérea nasal utilizado para este estudo numérico foi obtido a partir de imagens de TAC de uma mulher malaia saudável de 39 anos. A imagem de tomografia computorizada das vias respiratórias nasais foi obtida a partir de dados de tomografia computorizada pré-existentes provenientes do Universiti Sains Malaysia, Medical Campus Hospital. A anatomia nasal foi atestada como normal pelo otorrinolaringologista. Como já foi referido, neste estudo foi utilizado o software MIMIC, que tem a capacidade de gerar e apresentar o modelo anatómico 3D da cavidade nasal a partir das imagens segmentadas. O MIMIC também fornece a função de exportação que pode ser utilizada para exportar o objeto 3D produzido a partir das imagens segmentadas de tomografia computadorizada para um ficheiro IGES e pode ser utilizado diretamente em qualquer sistema CAD. O passo seguinte é a utilização do software CAD.

As coordenadas do ponto de contorno extraído dos dados da TAC da cavidade nasal humana foram importadas para o pacote de software CAD, CATIA, utilizando o Digitized Shape Editor (DSE) para gerar um modelo de superfície. Após a utilização deste software e da sua capacidade editorial, foi obtido um modelo 3D final da cavidade nasal a partir do CATIA, que pode ser utilizado para modelação computacional. O passo seguinte consistiu em importar o modelo anatómico 3D da cavidade nasal humana para o GAMBIT utilizando o formato de ficheiro STEP (*.stp), onde a superfície gerada é detectada como faces. Foi desenvolvido um modelo tridimensional realista da cavidade nasal, incluindo os seios paranasais.

Os cortes transversais coronais da cavidade nasal e seios paranasais obtidos por imagens de tomografia computadorizada de um homem adulto foram usados para desenvolver um modelo de via aérea nasal para os casos pré e pós-operatórios. A resolução das imagens de tomografia computorizada foi de 512 x 512 píxeis e as secções transversais coronais estavam separadas por 0,625 mm. A corrente do tubo foi de 160mA e o potencial do tubo foi de 120 KVP.

Os exames captaram cortes delineados no plano X-Y em diferentes posições ao longo do eixo Z, desde a entrada da cavidade nasal até à parte anterior da laringe, dependendo da complexidade da anatomia. Os cortes coronais foram importados para um programa de modelação tridimensional (3D) chamado GAMBIT (ANSYS Inc., EUA), que criou curvas suaves que ligavam pontos nos cortes coronais. Como os detalhes da velocidade e da pressão do fluxo não eram conhecidos antes da solução do problema de fluxo, a condição de contorno de saída foi definida como um fluxo de saída com fluxo de difusão zero para todas as variáveis de fluxo na direção normal ao plano de saída. Foi construído um modelo inicial com 349148 nós e uma quantidade total de 1691940 elementos de corpo. O modelo continha três componentes diferentes, nomeadamente: entrada, parede e saída, conforme ilustrado na Figura 4 (Zubair et al. 2013).

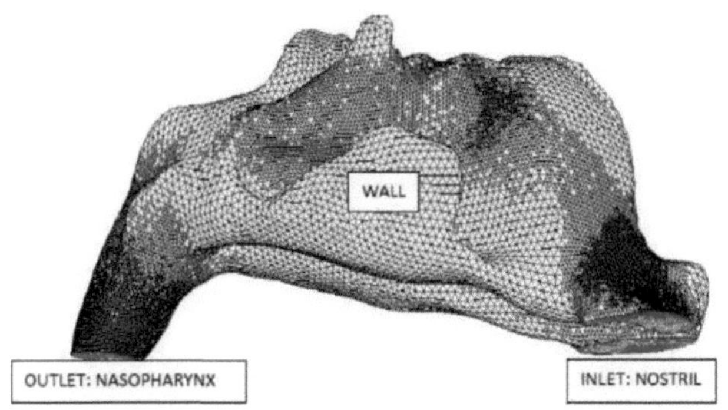

Figura 4 Malha de volume do modelo computacional 3D da cavidade nasal humana.

3.3 Utilização do modelo de fase discreta (DPM)

3.3.1 Arranque e modificação da malha

O primeiro passo consiste em lançar o FLUENT com dupla precisão. O modelo é convertido de elementos tetraédricos em elementos poliédricos para reduzir o número total de células, de modo a que a simulação decorra mais rapidamente. Isto pode poupar imenso tempo, uma vez que as células poliédricas são menos difusivas do que as células tetraédricas originais.

3.3.2 Configuração de modelos e materiais

Na secção de configuração da solução, o solver baseado na pressão com gravidade (-9,8 m/s^2) é utilizado para incluir a força gravitacional nas partículas. Adicionalmente, é utilizado o modelo turbulento k-omega (2eqn). O material é assumido como sendo ar.

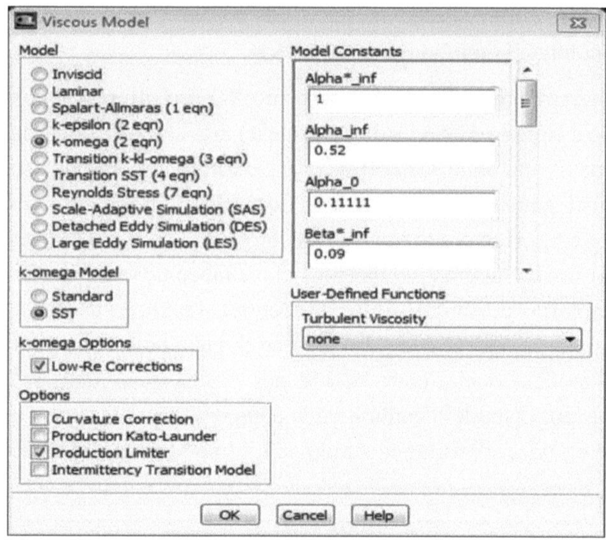

Figura 5 Configuração do modelo.

3.3.3 Configuração das condições de fronteira

Para a condição de fronteira de entrada, a velocidade é de 10 m/s com uma intensidade turbulenta de 3% e é utilizado um diâmetro hidráulico de 400 milímetros. Além disso, como se pode ver na Figura 6, a condição de fronteira de saída é uma saída de pressão com uma pressão manométrica de 0 Pa e uma intensidade turbulenta de refluxo de 3 % e uma magnitude de 10 para a viscosidade turbulenta de refluxo.

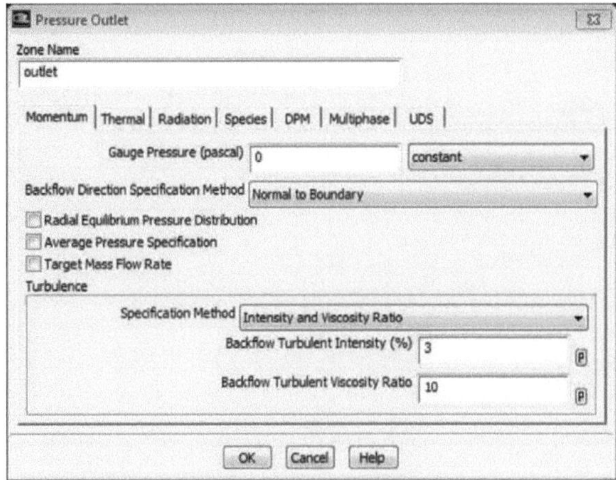

Figura 6 Condição de saída.

3.3.4 Modelo de fase discreta

O Modelo de Fase Discreta regista o movimento de partículas individuais (discretas). Note-se que o mesmo princípio se aplica quer o objeto seja uma partícula sólida, quer seja, como neste caso, uma gota de líquido. A trajetória de cada partícula (gotícula) é calculada ao longo de um grande número de passos à medida que passa pelo domínio do escoamento. Uma vez que conhecemos a massa e a área de superfície de cada partícula, em cada passo o solucionador pode calcular o equilíbrio das forças que actuam sobre ela. Integrada no domínio do escoamento, a trajetória global pode ser determinada. Neste caso, as partículas são inertes, no entanto, o DPM suporta casos muito mais complexos em que as partículas podem evaporar e/ou entrar em combustão.

O DPM pode ser feito na secção do modelo de fase discreta, as opções disponíveis são:

• "Interação com a fase contínua" se esta opção fosse selecionada, significaria que, para além de a região contínua (ar) influenciar as partículas, as partículas também influenciariam o momento/energia do ar.

-"Step Length Fator" (Fator de comprimento do passo) indica o número de passos que cada partícula deve dar através de uma célula da grelha.

• "Max Number of Steps" define um limite para o número de passos. Por vezes, as partículas ficam presas numa região de recirculação e este parâmetro é necessário para impedir que o solucionador fique preso num ciclo contínuo. É de notar que, se este valor for demasiado pequeno, algumas partículas serão terminadas demasiado cedo, antes de atingirem a saída/paredes, o que será reportado como um número elevado de "incompletas".

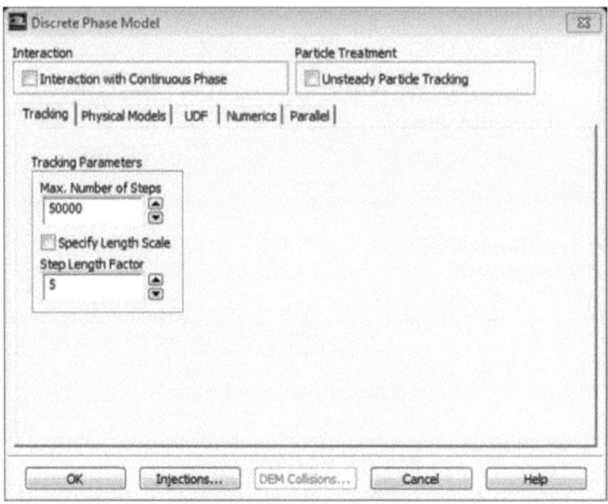

Figura 7 Modelo DPM.

3.3.5 Propriedades de injeção

Nas propriedades de injeção, é utilizado o tipo de injeção de superfície. Além disso, assume-se que o tipo de partícula é inerte e que se distribui uniformemente através da injeção normal à face.

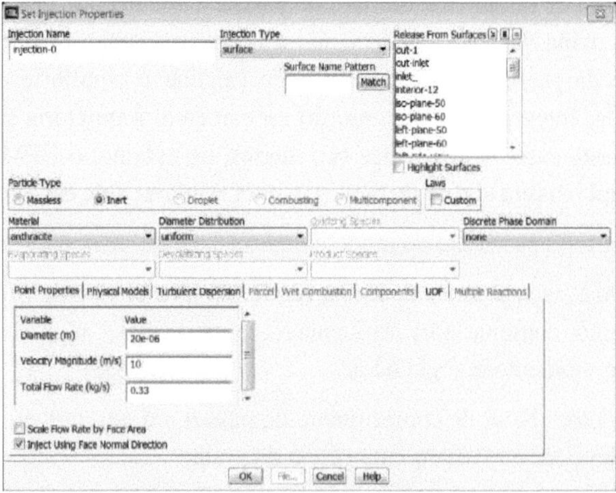

Figura 8 Propriedades de injeção.

Como se pode ver na Figura 8, a partícula é considerada micro com 20pm de diâmetro com um caudal de 20 l/min neste exemplo. Outra opção que tem de ser definida é a dispersão turbulenta nas propriedades de injeção. Para ter em conta a aleatoriedade do movimento turbulento, pode ser dado um "pontapé" a cada partícula com base na intensidade turbulenta local. 10 Tries" (10 tentativas) significa que serão efectuados 10 lançamentos a partir de cada ponto para ver a dispersão provocada pela turbulência.

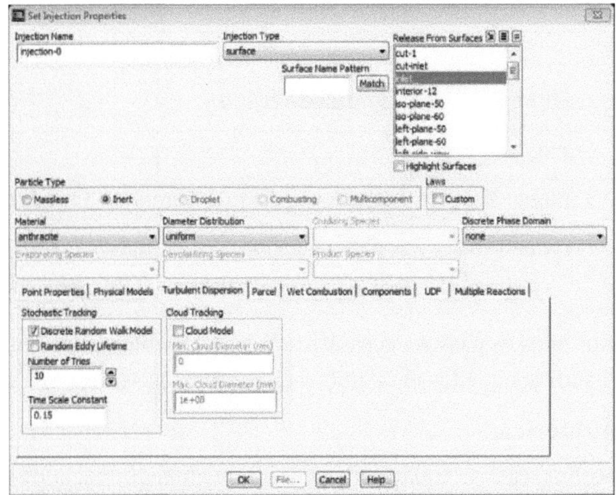

Figura 9 Dispersão turbulenta.

Depois de selecionar a opção DPM, outra parte importante é definir a condição de fronteira de acordo com esta opção. O solucionador precisa de saber o que fazer com uma partícula DPM quando esta encontra um limite de escoamento.

As principais opções são:

- "Escape" se as partículas forem livres de sair neste limite

- "Refletir" se eles vão saltar para fora deste limite

- "Armadilha" se se mantiverem dentro deste limite

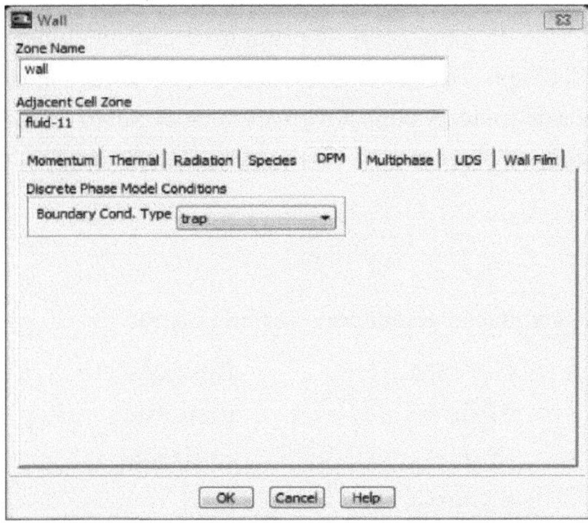

Figura 10 Condição de armadilha para a fronteira da parede.

Todas as condições de fronteira DPM são apresentadas no quadro 1 com uma definição pormenorizada:

Quadro 1 Condições de fronteira da DPM.

Limite	DPM BC	Significado físico
Entrada	Fuga	-
Saída	Fuga	A partícula deixa o domínio - O rastreio termina
Parede	Armadilha	A partícula é removida, mas a sua massa e energia actuais são transmitidas à fase gasosa.

Depois de definir todos os passos necessários, o passo seguinte é executar a simulação para obter resultados adequados para ambos os modelos nasais (com e sem corneto).

3.4 Análise numérica

Este subcapítulo apresenta as equações que regem o atual problema de escoamento de fluidos e os modelos numéricos utilizados para a simulação numérica.

3.4.1 Equação governante

A CFD baseia-se fundamentalmente nas equações que regem a dinâmica dos fluidos. Elas representam declarações matemáticas das leis de conservação da física. Para uma propriedade geral de um fluido definida por Φ, pode ser convertida na forma de equação de transporte como:

$$\frac{\partial(\rho\phi)}{\partial t} + div(\rho\phi u) = div(\Gamma\, grad\,\phi) + S_\phi$$

Onde t é o tempo, u, v, w representam componentes de velocidade, Γ é o coeficiente de difusão e é um termo de fonte geral. O primeiro e o segundo termos à esquerda são o termo derivado do tempo e os termos convectivos. Os termos à direita são os termos difusivos e os termos de fonte. A equação governante do fluxo de fluido para um fluido incompressível, como o fluxo de ar no sistema respiratório, pode ser escrita como:

$$\frac{\partial\phi}{\partial t} + \frac{\partial(u\phi)}{\partial x} + \frac{\partial(v\phi)}{\partial y} + \frac{\partial(\omega\phi)}{\partial z} = \frac{\partial}{\partial x}\left[\Gamma\frac{\partial\phi}{\partial x}\right] + \frac{\partial}{\partial y}\left[\Gamma\frac{\partial\phi}{\partial y}\right] + \frac{\partial}{\partial z}\left[\Gamma\frac{\partial\phi}{\partial z}\right] + S_\phi$$

Por outras palavras, a equação acima pode ser lida como:

Rate of increase of Φ in a fluid element	+	Net rate of flow of Φ through a fluid element	=	Rate of increase of Φ due to diffusion	+	Rate of increase of Φ due to additional sources

Esta equação é normalmente utilizada como ponto de partida para procedimentos computacionais no método dos volumes finitos. As expressões algébricas desta equação para as várias propriedades de transporte são formuladas e a seguir resolvidas. Fixando Φ igual a 1, u, v, w, e Γ, e seleccionando valores apropriados para o coeficiente de difusão r e para os termos de fonte S, pode obter-se a equação diferencial parcial para a conservação de massa, momento e energia.

<h1 style="text-align:center">CAPÍTULO 4</h1>
<h1 style="text-align:center">RESULTADOS</h1>

4.1 Visão geral

Este capítulo apresenta e discute os resultados obtidos a partir da simulação numérica da cavidade nasal humana. Cada um dos casos estudados é apresentado em diferentes subcapítulos. O estudo de caso inclui a compreensão básica da fisiologia nasal, a comparação entre a condição de queda de pressão para diferentes taxas de fluxo, juntamente com a análise dos contornos de velocidade e intensidade turbulenta para o modelo de cavidade nasal pré e pós-operatório. Além disso, os padrões de microdeposição foram analisados e comparados com as taxas de deposição local nos modelos pré e pós-operatório.

4.2 Comparação de geometria

A Figura 11 mostra os dez planos criados ao longo da distância axial da cavidade nasal. Dez áreas de secção transversal foram criadas e usadas para calcular as propriedades do fluxo, como mostra a Figura 12. A cavidade nasal estende-se da região anterior para a posterior ao longo do comprimento axial. A região anterior da cavidade nasal situa-se no intervalo de $x \leq 3$ cm e a região posterior situa-se no intervalo de $x > 5$cm. Os planos foram criados perpendicularmente ao fluxo de ar através da cavidade nasal.

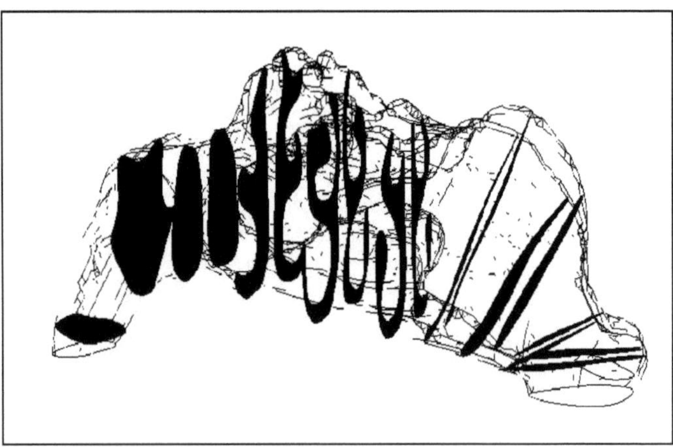

Figura 11 Área da secção transversal ao longo da distância axial da cavidade nasal.

O primeiro plano, Figura 12a, que está localizado na narina, foi criado para captar a caraterística do fluxo na região do vestíbulo. A figura 12b mostra a área da secção transversal mais pequena da cavidade nasal, que representa a região da válvula nasal. Os planos das Figuras 12c e 12d foram produzidos para captar a caraterística do fluxo na região de expansão após a localização da válvula nasal e antes de o fluxo de ar entrar na região dos cornetos. Os planos das Figuras 12e, 12f e 12g permitem captar o padrão de fluxo através da região dos cornetos inferior, médio e superior. Também é importante estudar a caraterística do fluxo próximo à nasofaringe (Figura 12h) e na região da nasofaringe (Figura 12i). A Figura 12j mostra o plano criado para captar o fluxo de ar através da saída nasal.

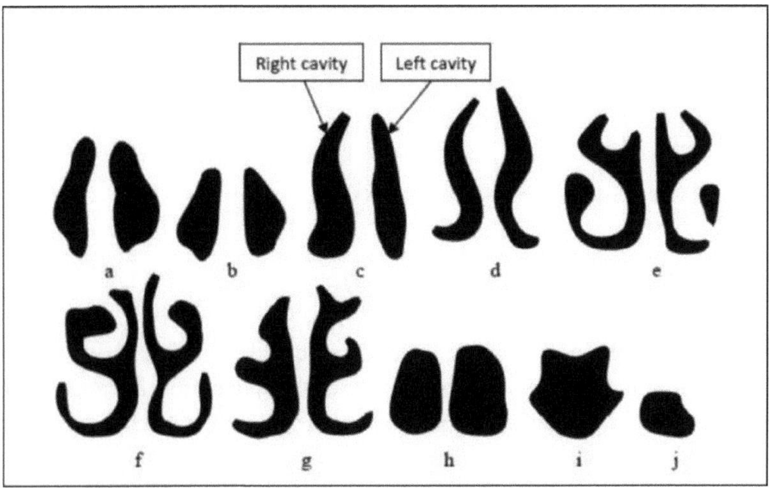

Figura 12 Área de dez secções transversais através da cavidade nasal.

4.3 Comparação de pressões

Quadro 2 Queda de pressão para diferentes caudais antes e depois da remoção da concha.

Caudal (L/min)	Diferença de pressão (Pa) (Pré-operação)	Diferença de pressão (Pa) (Pós-operação)
5	5.82	5.25
10	16.90	15.70
20	59.80	58.50
50	154.27	152.20

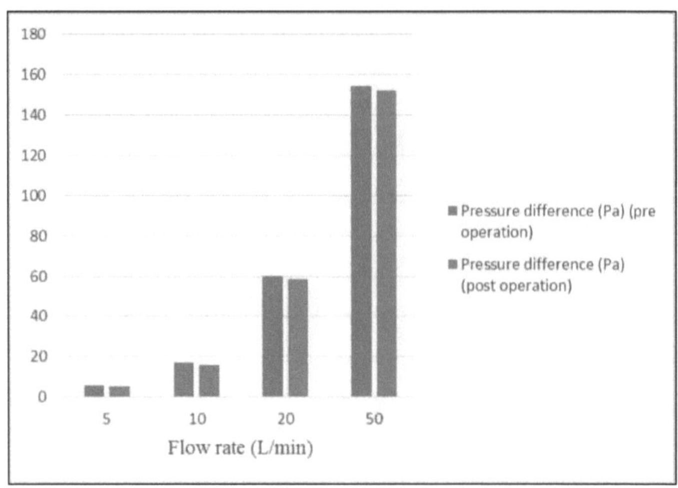

Figura 13 Queda de pressão para diferentes caudais (pré e pós).

As simulações do campo de fluxo de ar foram efectuadas para taxas de respiração de 5, 10, 20 e 50 L/min para os modelos nasais pré e pós-operatórios. A Tabela 2 compara as quedas de pressão do modelo da cavidade nasal pré e pós-operatória para as taxas de fluxo correspondentes.

Observa-se que a diferença de pressão entre a entrada da narina e a saída (início da região da nasofaringe) diminui ligeiramente após a operação. Este procedimento aumenta a área transversal da passagem onde a operação foi efectuada e, consequentemente, diminui a resistência ao fluxo da passagem. Além disso, pode-se observar que as diferenças entre os regimes de fluxo turbulento e laminar são consideráveis, enquanto a queda de pressão entre a situação pré e pós também segue a mesma condição.

Na Figura 14 são apresentadas as diferenças de pressão para 10 zonas diferentes, desde a entrada até à saída. Como se mostra abaixo, o valor da pressão no caso após a remoção é maior do que no caso antes da operação. Verificam-se valores máximos na entrada e na saída para ambos os casos devido às diferenças de secções transversais, enquanto o valor para as outras áreas segue o mesmo padrão.

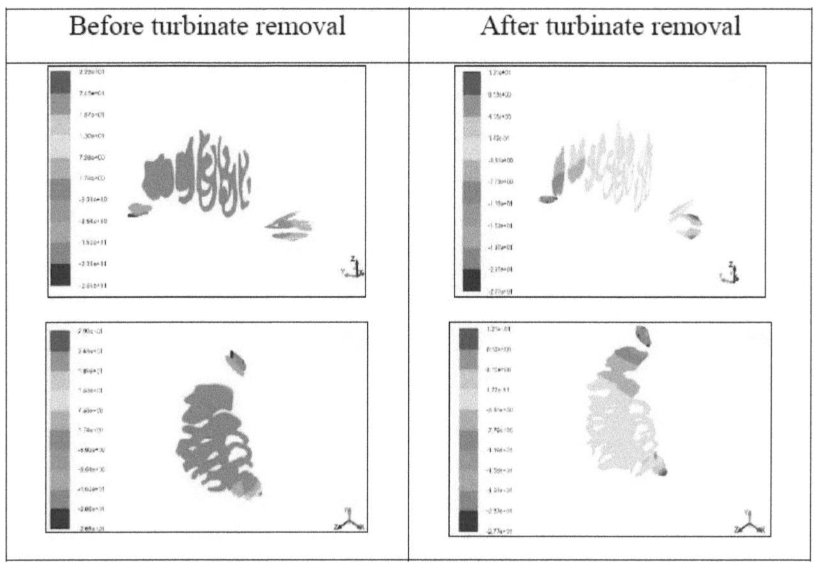

Before turbinate removal	After turbinate removal

Figura 14 Esquema de pressão para pressão, 20 L/min.

4.4 Estrutura do fluxo de ar

Neste estudo, foram modelados os campos de fluxo de ar para caudais inspiratórios de 20 L/min. Como mencionado anteriormente, o regime de fluxo de ar é de transição para turbulento para esta taxa de fluxo. Na Figura 16, são apresentados os contornos da magnitude da velocidade e da intensidade da turbulência em várias secções do campo de fluxo para duas condições diferentes (pré e pós-operação). Observa-se que o ar entra uniformemente da narina para a região do vestíbulo e, em seguida, dá uma volta de quase 90°. Como resultado, os efeitos da força centrífuga causam uma tendência nas linhas de fluxo para passar pela parte superior da cavidade nasal.

Para o caso da velocidade, temos valores elevados de velocidade no caso do vestíbulo e da nasofaringe; este valor é muito mais elevado na fase da faringe porque esta secção tem a área mínima de escoamento, que é aproximadamente um terço da área de uma secção de entrada. Por conseguinte, a queda de pressão na nasofaringe (saída) é consideravelmente elevada, de modo que a pressão média no final da nasofaringe é inferior ao valor correspondente na saída. Também se pode observar que a velocidade aumenta consideravelmente no caso da remoção da concha, especificamente nas secções da válvula nasal e da via aérea principal, em comparação com o modelo não removido, o que mostra a eficácia da operação em termos de velocidade do ar na área nasal.

No caso da intensidade turbulenta, as diferenças são enormes entre o modo removido e o não removido. No modelo não removido, a intensidade aumentou ligeiramente na secção do vestíbulo e da válvula nasal, enquanto o caso na condição removida é um cenário diferente. Como pode ser visto na Figura 17, a intensidade aumenta significativamente a partir da secção Além disso, o modelo registou o seu valor mais elevado na via aérea principal e na secção de saída.

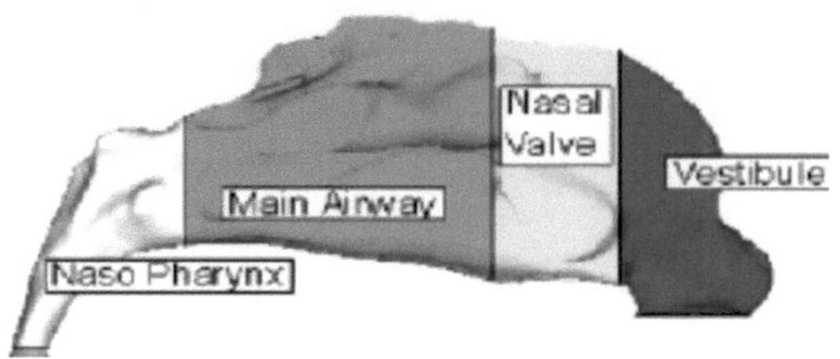

Figura 15 O modelo 3D construído.

4.4. 1 Casos de turbinas não removidas e removidas

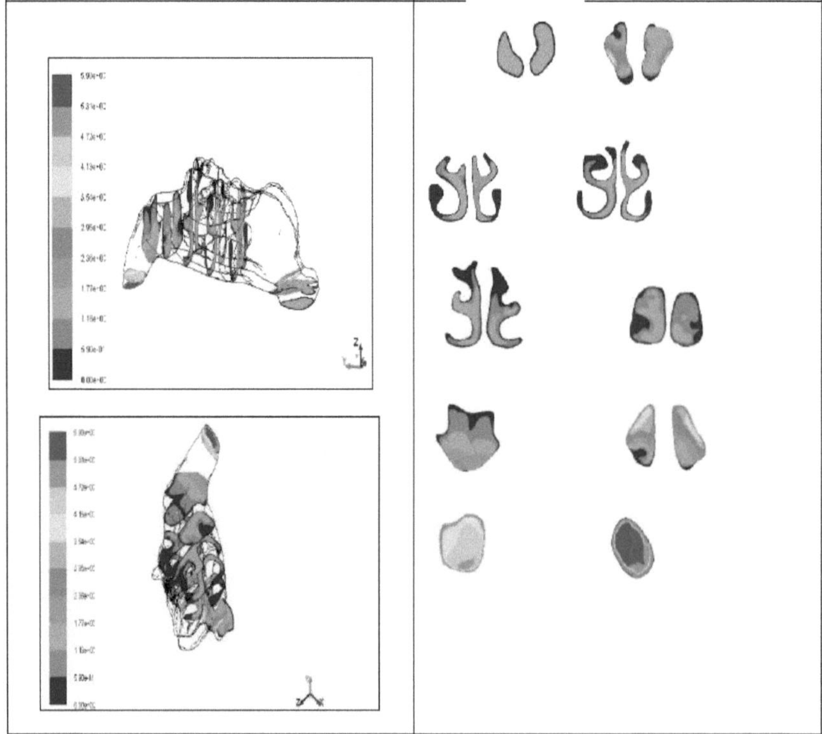

Figura 16 Contornos de velocidade em diferentes secções para uma taxa de respiração de 20 l/min (pré-operação).

28

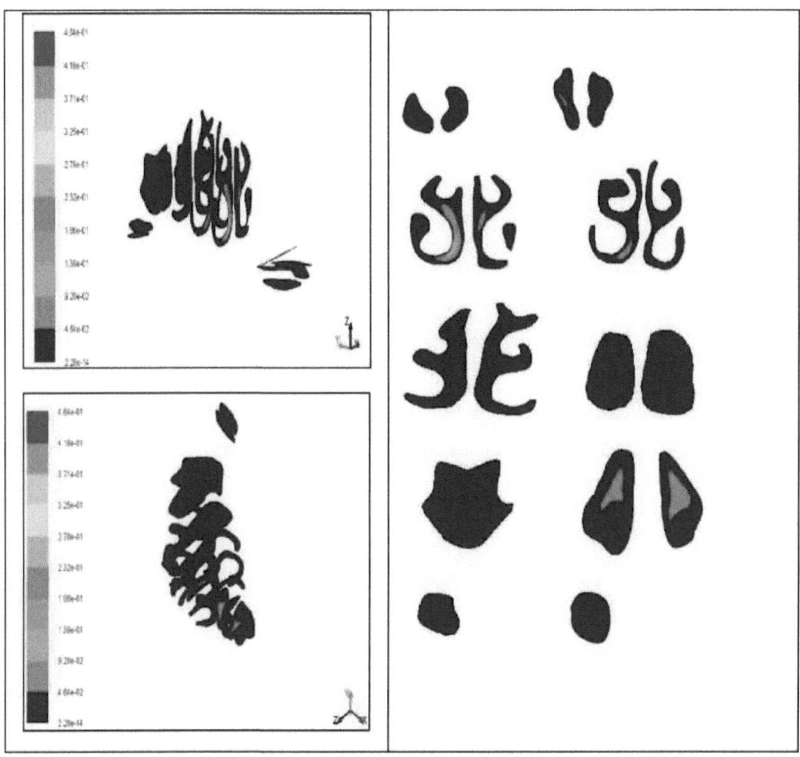

Figura 17 Contornos de intensidade turbulenta em várias secções para uma taxa de respiração de 20 L/min (pré-operação).

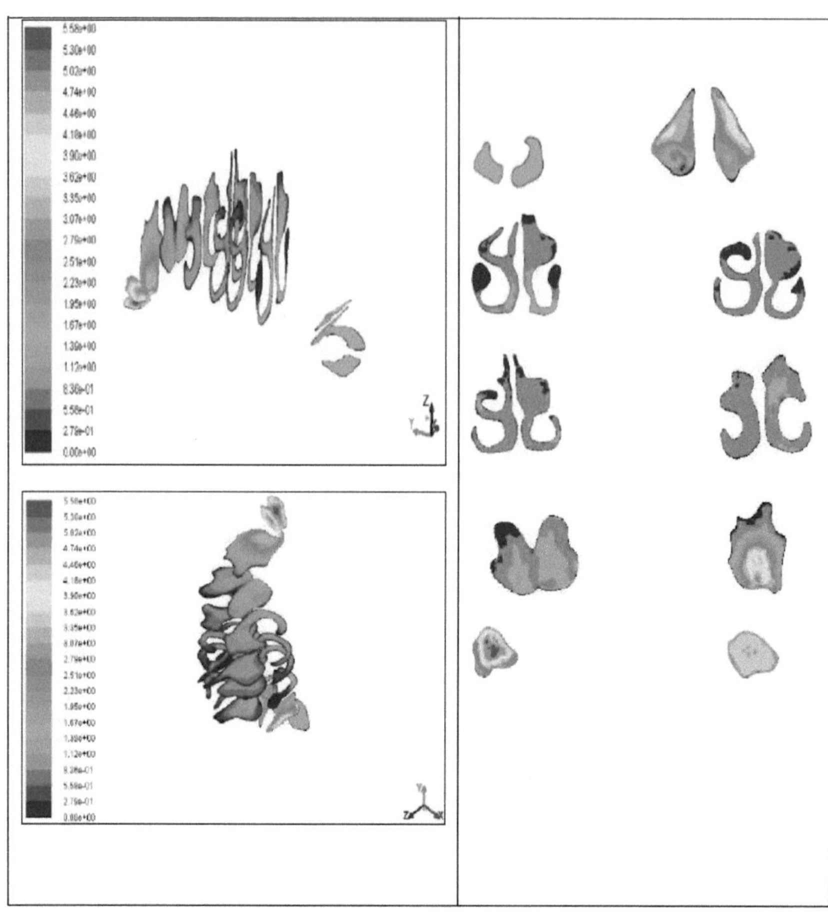

Figura 18 Contornos de velocidade em várias secções para uma taxa de respiração de 20 L/min (pós-operação)

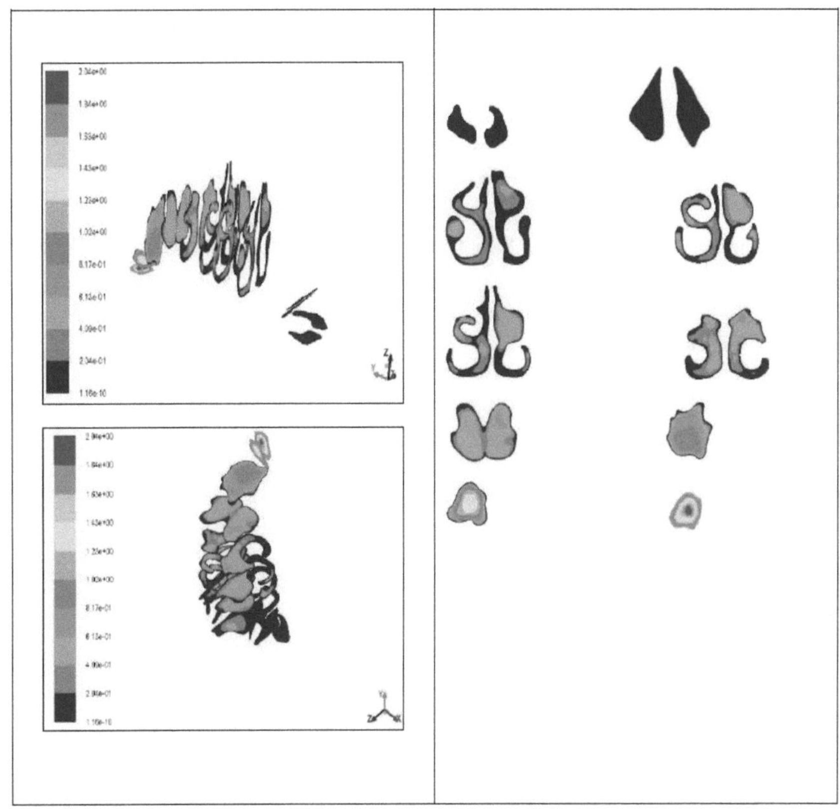

Figura 19 Contornos de intensidade turbulenta em várias secções para uma taxa de respiração de 20 l/min (pós-operação).

4.5 Deposição de partículas

Partículas monodispersas na gama de 5-15 µm foram injectadas nas vias respiratórias nasais e o seu transporte e deposição foram avaliados com um caudal de 20l/min. O parâmetro de impactação é definido como $IP = d^2 Q$, em que d é o diâmetro da partícula e Q é a taxa de fluxo de ar, e tem sido amplamente utilizado para correlacionar a eficiência da deposição nasal de micropartículas.

É apresentada uma descrição quantitativa da deposição regional de micropartículas. No quadro 3, a fração de deposição regional de partículas de 5, 10 e 15 µm é apresentada para diferentes taxas de respiração. Pode ver-se que as partículas de diferentes tamanhos seguem padrões de deposição diferentes. Por outro lado, para partículas grandes, a inércia é elevada e os efeitos de impactação por inércia são bastante eficazes. Para a gama de caudais de inalação estudados, a fração de deposição regional é mais elevada no vestíbulo em comparação com que noutras partes da via aérea. Também se pode observar que, com o aumento do diâmetro da partícula, a taxa de deposição aumenta e a discrepância das taxas entre cada secção é mais óbvia.

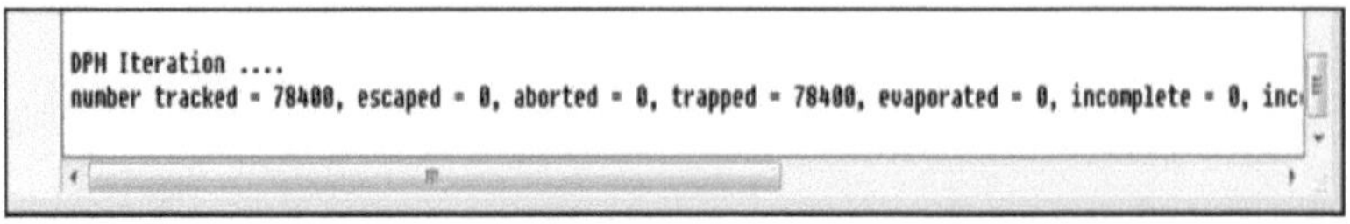

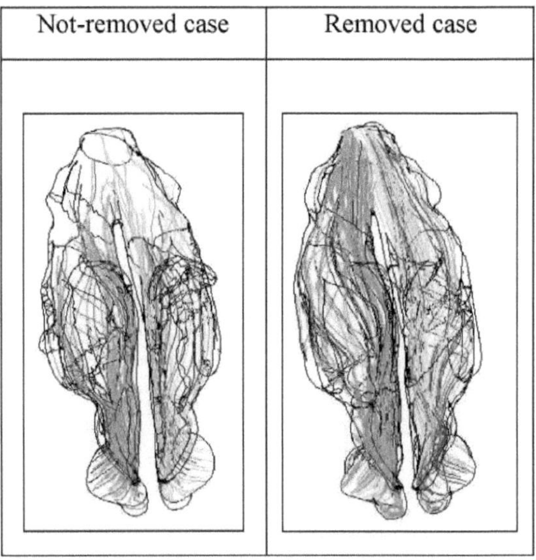

Figura 20 Fotografia instantânea das partículas monitorizadas.

Como se pode ver acima, cerca de 80000 partículas foram injectadas no modelo nasal, mas deve notar-se que não se trata de partículas fixas, mas, de acordo com Abouali, para obter os melhores resultados e evitar resultados incompletos das partículas (Abouali et al. 2012). Na Figura 21, são apresentadas as linhas de percurso das partículas para ambos os casos:

Figura 21 Comparação das linhas de trajetória das partículas.

Como se pode observar acima, para o caso da remoção do corneto, a velocidade das partículas aumentou. As diferenças são mais evidentes na saída, onde os rastos seguem o incremento com maior intensidade.

A deposição total em toda a cavidade nasal é quantificada em termos da eficiência de deposição total (TDE) como:

Número de partículas depositadas na cavidade nasal em comparação com o número de partículas que entram na cavidade nasal.

Outro termo que é importante na análise de partículas é a eficiência de deposição local (LDE), este termo tem em conta a área de superfície da zona, uma vez que cada zona apresenta tamanhos diferentes.

Número de partículas depositadas na região local ou número de partículas depositadas na cavidade nasal sobre a área da superfície em que são depositadas.

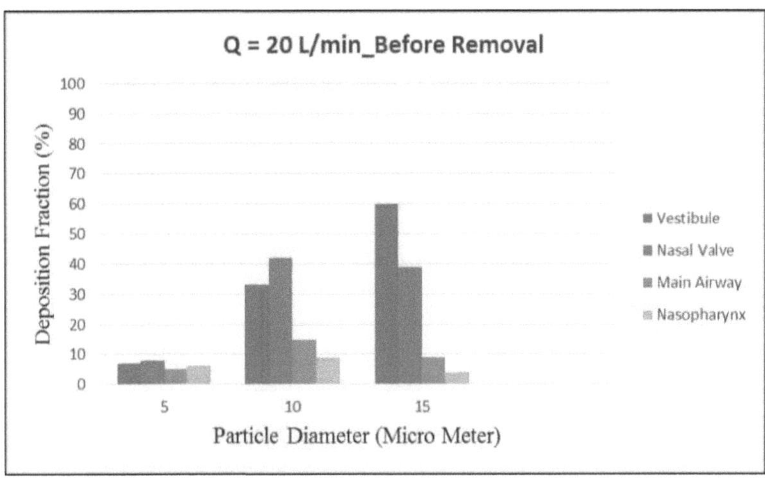

Figura 22 Fração de deposição regional para, 5, 10 e 15 horas (antes da remoção).

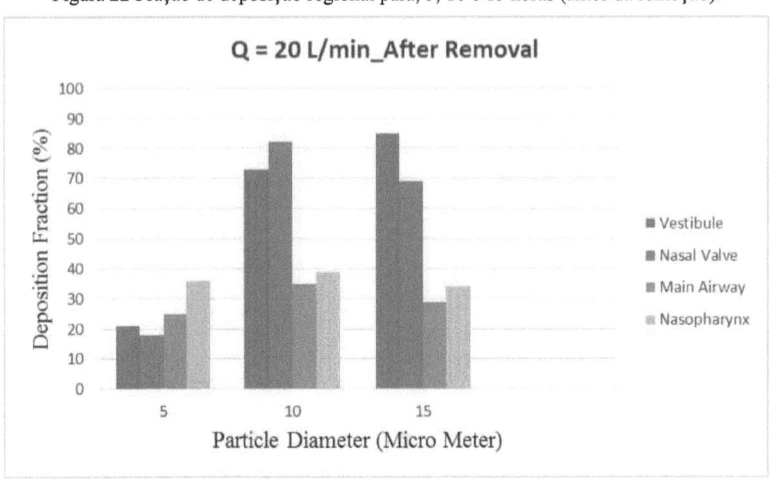

Figura 23 Fração de deposição regional para, 5, 10 e 15 pm (após remoção).

4.5.1 Comparação da taxa de deposição com diferentes micro diâmetros

Tabela 3 Taxa de deposição com diferentes microdiâmetros.

Particle diameter	Snapshots of Fluent
5µm	
10 µm	
15 µm	

Conforme apresentado na tabela 3, é óbvio que o tamanho das micropartículas afecta significativamente o padrão de deposição na cavidade nasal. É evidente que, com o aumento do diâmetro das partículas, a taxa de deposição aumenta em conformidade. Como pode ser visto e apresentado anteriormente, a quantidade de partículas depositadas na entrada e nas vias respiratórias nasais é mais elevada, ao passo que está a diminuir nas áreas próximas da saída do modelo nasal. Estes resultados mostram uma boa concordância com as conclusões anteriores dos investigadores (Wang et al. 2009).

CAPÍTULO 5
CONCLUSÃO

5.1 Introdução

Foi apresentado um estudo comparativo da deposição de partículas submicrónicas e de partículas micrónicas sob diferentes taxas de fluxo laminar constante utilizando a abordagem Lagrangiana. Discutiu-se o significado e a influência de diferentes factores aplicáveis às partículas micrónicas e apresentaram-se os padrões de deposição locais detalhados. Verificou-se que o diâmetro das partículas tem uma influência substancial nos padrões de deposição, tanto para as partículas micrónicas como para as submicrónicas. A eficiência total de deposição das partículas micrónicas aumenta à medida que o diâmetro das partículas aumenta. O caudal inspiratório também tem algum efeito na deposição de partículas. Para as partículas micrónicas, a eficiência de deposição total aumenta com o aumento da taxa de fluxo. Verificou-se que as principais regiões de deposição de partículas micrónicas se situam na válvula nasal e nas partes do septo médio do corneto nasal, existindo alguma diferença nas cavidades esquerda e direita, enquanto que para as partículas submicrónicas se verificou uma distribuição uniforme das partículas depositadas. A posição de libertação das partículas também tem efeito na deposição das partículas. Os resultados podem fornecer dados pertinentes para a previsão de fluxos de gás-partículas e também para a exposição regional de tecidos ao ar inalado, que são encontrados em estudos de toxicologia e inalação terapêutica.

Por outro lado, o presente estudo ilustra ainda mais a capacidade das técnicas CFD para prever o fluxo de ar e os padrões de deposição de partículas nas passagens nasais que intervenções cirúrgicas específicas produziriam. Com mais refinamento, essa ferramenta pode ser aplicada para avaliar os resultados de cirurgias virtuais para refinar e otimizar a intervenção cirúrgica para doenças das vias aéreas nasais. É importante salientar que, na respiração real, tanto a taxa de fluxo de ar como a direção do fluxo mudam continuamente e a correspondente taxa de microdeposição pode ser diferente dos resultados da análise apresentados neste estudo.

5.2 Trabalhos futuros

Com base nos resultados apresentados, podem ser formuladas várias recomendações para ajudar e dar uma orientação futura aos trabalhos de investigação. Em primeiro lugar, para captar com exatidão a cavidade nasal, são necessárias imagens de tomografia computadorizada de maior qualidade, com melhor resolução de píxeis e menor número de incrementos entre cortes de imagem. A elevada qualidade das imagens de TAC ajudará a reduzir o tempo necessário para construir a geometria

35

complexa da cavidade nasal e evitará a criação de um contorno de superfície em "degraus" que afectará as características do fluxo de ar.

A fim de captar a respiração nasal fisiológica exacta, a modelação da colapsabilidade da região do vestíbulo nasal durante a inspiração pode ser considerada como um passo vital. No entanto, a inclusão deste trabalho no atual estudo de investigação, que exige o estudo da interação fluido-estrutura, não é possível devido à estrutura complicada da cavidade nasal e à limitação de tempo.

Por último, no que respeita ao padrão de deposição, podem ser efectuados estudos adicionais em nanopartículas com diferentes taxas de fluxo e condições de libertação.

Referências

Abouali, O. et al., 2012. Deposição de micro e nanopartículas na passagem nasal humana antes e depois da cirurgia endoscópica virtual do seio maxilar. *Fisiologia respiratória e neurobiologia,* 181(3), pp.335-345.

Alexopoulos, A.H., Karakosta, P. & Kiparissides, C., 2010. Particle transfer *and deposition using an integrated CFD model of the respiratory system (Transferência e deposição de partículas utilizando um modelo CFD integrado do sistema respiratório),* Elsevier B.V. Available at: http://dx.doi.org/10.1016/S1570-7946(10)28036-7.

Ball, C.G., Uddin, M. & Pollard, A., 2008. Modelação de turbulência de alta resolução do fluxo de ar numa via aérea extra-torácica humana idealizada. *Computers & Fluids,* 37(8), pp.943-964.

Bennett, W.D. & Zeman, K.L., 2005. Efeito da raça na deposição de partículas finas para respiração oral e nasal. *Inhalation toxicology,* 17(12), pp.641-648.

Chen, X.B. et al., 2010. Efeitos aerodinâmicos da cirurgia da concha inferior no fluxo de ar nasal: um modelo de dinâmica de fluidos computacional. *Rhinology,* 48(4), pp.394-400.

Chen, X.B. et al., 2009. Avaliação dos efeitos do desvio do septo no fluxo de ar nasal: um modelo de dinâmica de fluidos computacional. *The Laryngoscope,* 119(9), pp.1730-1736.

Chung, S.-K. et al., 2006. Fluxo de ar nasal durante o ciclo respiratório. *American journal of rhinology,* 20(4), pp.379-384.

Chung, S.K. & Kim, S.K., 2008. Estudos de velocimetria de imagem de partículas digitais do fluxo de ar nasal. *Respiratory Physiology and Neurobiology,* 163(1-3), pp. 111-120.

Croce, C. et al., 2006. Experiências in vitro e simulações numéricas do fluxo de ar na geometria realista das vias aéreas nasais. *Anais de engenharia biomédica,* 34(6), pp.9971007.

Crouse, U. & Laine-Alava, M.T., 1999. Effects of age, body mass index, and gender on nasal airflow rate and pressures. *The Laryngoscope,* 109(9), pp.1503-1508.

Dehbi, A., 2011. Previsão da deposição de aerossóis extratorácicos utilizando as abordagens RANS-random walk e LES. *Aerosol Science and Technology,* 45(5), pp.555-569.

Doorly, D.J. et al., 2008. Arquitetura nasal: forma e fluxo. *Philosophical Transactions of the Royal Society A: Mathematical, Physical and Engineering Sciences,* 366(1879), pp.3225-3246.

Fluent, A., 2009. 12.0 Guia do utilizador. *Entradas do utilizador para meios porosos,* 6.

Garcia, G.J.M. et al., 2007. Rinite atrófica: um estudo CFD do ar condicionado na cavidade nasal. *Jornal de fisiologia aplicada,* 103(3), pp.1082-1092.

Garcia, G.J.M. et al., 2009. Variabilidade interindividual na filtração nasal em função da geometria da cavidade nasal. *Journal of aerosol medicine and pulmonary drug delivery,* 22(2), pp.139-156.

Garcia, G.J.M. et al., 2010. Desvio septal e resistência nasal: uma investigação usando cirurgia virtual e dinâmica de fluidos computacional. *American journal of rhinology & allergy,* 24(1), pp.e46-e53.

Gosman, A.D. & Loannides, E., 1983. Aspects of computer simulation of liquidfueled combustors. *Journal of Energy,* 7(6), pp.482-490.

Grgic, B., Finlay, W.H. & Heenan, a. F., 2004. Deposição regional de aerossóis e medições de fluxo numa boca e garganta idealizadas. *Journal of Aerosol Science,* 35(1), pp.21-32.

Grgic, B., Martin, A.R. & Finlay, W.H., 2006. The effect of unsteady flow rate increase on in vitro mouth-throat deposition of inhaled boluses. *Journal of aerosol science,* 37(10), pp.1222-1233.

Hahn, I., Scherer, P.W. & Mozell, M.M., 1994. Um modelo de transporte de massa do olfato. *Journal of Theoretical Biology,* 167(2), pp.115-128.

Heyder, J., 2004. Deposição de partículas inaladas no trato respiratório humano e consequências para o direcionamento regional na administração de medicamentos por via respiratória. *Actas da American Thoracic Society,* 1(4), pp.315-320.

Ho, W. et al., 2004. Curso de tempo no alívio da obstrução nasal após cirurgia septal e de cornetos: um estudo prospetivo. *Archives of Otolaryngology-Head & Neck Surgery,* 130(3), pp.324-328.

Horschler, I., Meinke, M. & Schroder, W., 2003. Simulação numérica do campo de fluxo num modelo da cavidade nasal. *Computers & Fluids,* 32(1), pp.39-45.

Jayaraju, S.T. et al., 2007. Análise do fluxo de fluidos e da deposição de partículas num modelo realista das vias respiratórias extratorácicas utilizando grelhas não estruturadas. *Journal of Aerosol Science,* 38(5), pp.494-508.

Jayaraju, S.T. et al., 2008. Simulações de grandes turbilhões e turbilhões isolados de fluxo de fluido e deposição de partículas numa garganta de boca humana. *Journal of Aerosol Science,* 39(10), pp.862-875.

Jessen, M., Ivarsson, A. & Malm, L., 1989. Resistência das vias aéreas nasais e sintomas após septoplastia funcional: comparação dos resultados aos 9 meses e 9 anos. *Clinical Otolaryngology & Allied Sciences,* 14(3), pp.231-234.

Katz, I.M., Davis, B.M. & Martonen, T.B., 1999. A numerical study of particle motion within the human larynx and trachea (Um estudo numérico do movimento de partículas na laringe e traqueia humanas). *Journal of aerosol science,* 30(2), pp.173-183.

Kelly, J.T. et al., 2004. Deposição de partículas em réplicas de vias aéreas nasais humanas fabricadas por diferentes métodos. Parte I: Partículas de regime inercial. *Aerosol Science and Technology,* 38(11), pp.1063-1071.

Keyhani, K., Scherer, P.W. & Mozell, M.M., 1997. Um modelo numérico de transporte de odorantes nasais para a análise do olfato humano. *Journal of Theoretical Biology,* 186(3), pp.279-301.

Konstantinidis, I. et al., 2005. Resultados a longo prazo após cirurgia do septo nasal: Foco na satisfação dos pacientes. *Auris Nasus Larynx,* 32(4), pp.369-374.

Leong, S.C. & Eccles, R., 2009. Uma revisão sistemática do índice nasal e a importância da forma e do tamanho do nariz em rinologia. *Clinical Otolaryngology,* 34(3), pp.191-198.

Lindemann, J. et al., 2005. Simulação numérica do fluxo de ar intranasal e da temperatura após a ressecção dos cornetos. *Rhinology,* 43(1), pp.24-28.

Liu, Y. et al., 2007. Simulação numérica da deposição de aerossóis numa cavidade nasal humana 3-D utilizando RANS, RANS/EIM e LES. *Journal of Aerosol Science,* 38(7), pp.683-700.

Longest, P.W. & Hindle, M., 2010. Simulações CFD de crescimento condensacional melhorado (ECG) aplicadas à administração de medicamentos respiratórios com comparações com dados in vitro. *Journal of aerosol science,* 41(8), pp.805-820.

Manoukian, P.D. et al., 1997. Recent Trends in Utilization of Procedures in Otolaryngology-Head and Neck Surgery (Tendências recentes na utilização de procedimentos em otorrinolaringologia-cirurgia de cabeça e pescoço). *The Laryngoscope,* 107(4), pp.472-477.

Martonen, T.B. et al., 2002. 3-D particle transport within the human upper respiratory tract. *Journal of aerosol science,* 33(8), pp. 1095-1110.

Min, Y.G., Jung, H.W. & Kim, C.S., 1995. Estudo da prevalência das deformidades do septo nasal na Coreia: resultados de um inquérito a nível nacional. *Rhinology,* 33(2), pp.61-65.

Moghadas, H. et al., 2011. Investigação numérica do efeito do desvio septal na deposição de nano/micropartículas na passagem nasal humana. *Respiratory physiology & neurobiology*, 177(1), pp.9-18.

Moore, M. & Eccles, R., 2011. Evidência objetiva da eficácia do tratamento cirúrgico do desvio do septo como tratamento da obstrução nasal crónica: uma revisão sistemática. *Clinical otolaryngology,* 36(2), pp.106-113.

Naftali, S. et al., 1998. Fenómenos de transporte na cavidade nasal humana: um modelo computacional. *Anais de engenharia biomédica,* 26(5), pp.831-839.

Ozlugedik, S. et al., 2008. Estudo numérico dos efeitos aerodinâmicos da septoplastia e da turbinectomia lateral parcial. *The Laryngoscope,* 118(2), pp.330-334.

Pless, D. et al., 2004. Simulação numérica de padrões de fluxo de ar e distribuição da temperatura do ar durante a inspiração num modelo de nariz com perfuração septal. *American journal of rhinology,* 18(6), pp.357-362.

Proteção, I.C. sobre R. & ICRP, 1995. *ICRP Publication 66: Human Respiratory Tract Model for Radiological Protection,* Elsevier Health Sciences.

Renotte, C., Bouffioux, V. & Wilquem, F., 2000. Análise numérica 3D do fluxo oscilatório no canal laríngeo variável no tempo. *Journal of Biomechanics,* 33(12), pp.1637-1644.

Schroeter, J.D., Garcia, G.J.M. & Kimbell, J.S., 2011. Efeitos da suavidade da superfície na deposição de partículas por inércia em modelos nasais humanos. *Journal of aerosol science,* 42(1), pp.52-63.

Segal, R.A., Kepler, G.M. & Kimbell, J.S., 2008. Efeitos das diferenças na anatomia nasal na distribuição do fluxo de ar: uma comparação de quatro indivíduos em repouso. *Annals of biomedical engineering,* 36(11), pp.1870-1882.

Shi, H., Kleinstreuer, C. & Zhang, Z., 2006. Fluxo de ar laminar e deposição de nanopartículas ou vapor num modelo de cavidade nasal humana. *Journal of biomechanical engineering,* 128(5), pp.697-706.

Suman, J.D., Laube, B.L. & Dalby, R., 2006. Validade de testes in vitro em bombas de pulverização aquosas como substitutos para deposição nasal, absorção e resposta biológica. *Journal of aerosol medicine,* 19(4), pp.510-521.

Tarabichi, M. & Fanous, N., 1993. Análise de elementos finitos do fluxo de ar na válvula nasal. *Archives of Otolaryngology-Head & Neck Surgery,* 119(6), pp.638-642.

Tian, L. & Ahmadi, G., 2007. Particle deposition in turbulent duct flows-comparisons of different model predictions. *Journal of Aerosol Science,* 38(4), pp.377-397.

Tonndorf, J., 1939. Der Weg der Atemluft in der menschlichen Nase. *Archiv fur Ohren- , Nasen- undKehlkopfheilkunde,* 146(1), pp.41-63.

Uddströmer, M., 1940. *Nasal respiration: a critical survey of some current physiological and clinical aspects on the respiratory mechanism with a description of a new method of diagnosis*, Mercators tryckeri.

Vogt, K. et al., 2009. 4-Phase-Rhinomanometry (4PR)-básicos e prática 2010.

Rinologia. Suplemento, (21), pp.1-50.

Wang, S.M. et al., 2009. Comparação dos padrões de deposição de microns e nanopartículas numa cavidade nasal humana realista. *Respiratory Physiology and Neurobiology*, 166(3), pp.142-151.

Weinhold, I. & Mlynski, G., 2004. Simulação numérica do fluxo de ar no nariz humano. *Arquivos Europeus de Oto-Rinolaringologia e Cabeça e Pescoço*, 261(8), pp.452-455.

Wen, J. et al., 2008. Simulações numéricas para uma dinâmica detalhada do fluxo de ar numa cavidade nasal humana. *Respiratory Physiology & Neurobiology*, 161(2), pp.125-135.

Wexler, D., Segal, R. & Kimbell, J., 2005. Efeitos aerodinâmicos da redução da concha inferior: simulação da dinâmica de fluidos computacional. *Archives of OtolaryngologyHead & Neck Surgery*, 131(12), pp.1102-1107.

Zhang, Y., Finlay, W.H. & Matida, E.A., 2004. Medições da deposição de partículas e simulação numérica numa boca-garganta altamente idealizada. *Journal of Aerosol Science*, 35(7), pp.789-803.

Zhang, Z. & Kleinstreuer, C., 2003. Escoamentos Turbulentos de Baixo Número de Reynolds em Condutos Localmente Constringidos: Um estudo comparativo. *AIAA Journal*, 41(5), pp.831840.

Zhao, K. et al., 2004. Efeito da anatomia no fluxo de ar nasal humano e no padrão de transporte de odores: implicações para o olfato. *Chem Senses*, 29(5), pp.365-379.

Zhao, K. et al., 2006. Modelação numérica da obstrução nasal e intervenção cirúrgica endoscópica: resultados para o fluxo de ar e o olfato. *Jornal americano de rinologia*, 20(3), pp.308-316.

Zubair, M. et al., 2013. Estudo de dinâmica de fluidos computacional da condição de contorno de fluxo de puxar e plug no fluxo de ar nasal. *Engenharia Biomédica: Aplicações, Bases e Comunicações*, 25(04).

Printed by Books on Demand GmbH, Norderstedt / Germany